Escrito por Odile Limousin
Ilustrado por Béat Brüsch

Traducido por Cristina Azaola
Coordina la serie María Puncel

Título original: *L'histoire de la feuille de papier*

Príncipe de Vergara, 81. 28006 Madrid

PRINTED IN SPAIN
Impreso en España por:
Rogar, S. A. Pol. Cobo-Calleja
Fuenlabrada (Madrid)
I.S.B.N.: 84-372-5008-0
Depósito legal: M. 11.780/1986

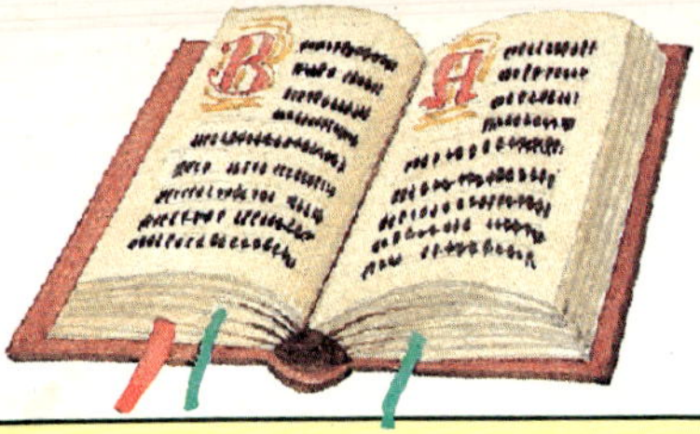

Historia del papel

ediciones Altea

¿Con qué se fabrica el papel?

Casi siempre con madera.

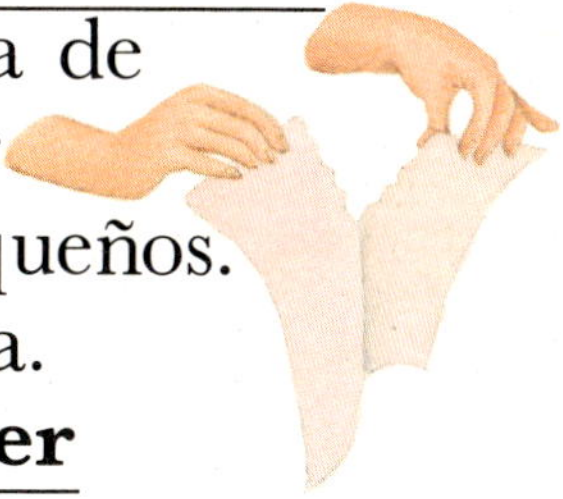

Si se rompe una hoja de papel, se pueden ver unos hilitos muy pequeños. Son fibras de madera.

¿Qué se puede hacer con el papel?

Escribir, dibujar, jugar con él plegándolo o recortándolo. El papel se utiliza también para fabricar libros, periódicos, tarjetas postales, carteles, cuadernos y muchas cosas más.

En esta página se pueden ver varios objetos de papel o de cartón.

Hay papel de todas clases y para todos los usos.

Puede ser de buena calidad, **liso o rugoso** para pintar o dibujar, **fino y ligero** para escribir cartas.

Es **absorbente** como una esponja para los pañales de los bebés, **suave** como la seda para los pañuelos.

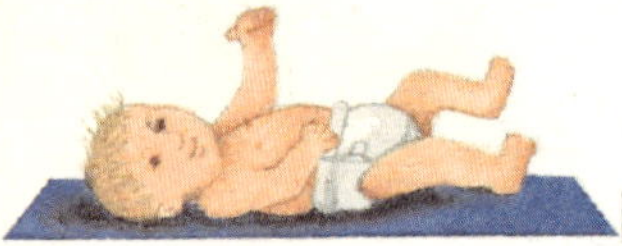

Es **filtrante** para retener las hojitas de té en el agua, dejando pasar su aroma; **impermeable** para evitar que los yogures, los zumos de frutas y cualquier líquido traspasen los envases.

Es **inimitable** para evitar la fabricación de billetes falsos, **resistente** para envolver y proteger los paquetes.

También el cartón de embalaje es papel. Se fabrica juntando varias hojas de papel muy grueso.

Permite transportar las cosas frágiles o pesadas. Es tan resistente que con él se pueden hacer carteras, cajas, mesas o sillas.

Pero cuidado con el fuego. Los papeles y los cartones arden muy fácilmente.

No siempre existió el papel. Los hombres de la prehistoria pintaban las paredes de sus cavernas con tierras de color. En la antigüedad, escribían sobre cualquier cosa que pudiera durar mucho tiempo: huesos, cortezas de árbol, conchas marinas, caparazones de tortuga, cerámica o paredes y columnas de los templos.

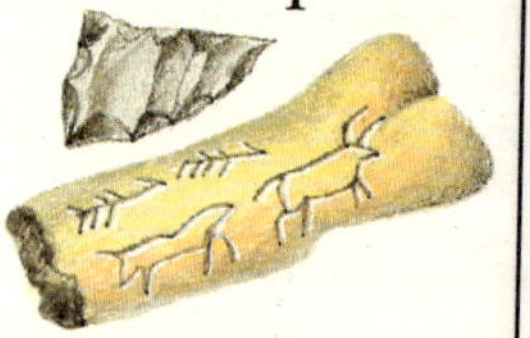

Pedazo de sílex para grabar en hueso.

En este taller de Roma, las inscripciones se gravaban en piedra, letra por letra. Los romanos también escribían en tablillas recubiertas de cera. El trabajo era largo y delicado.

Los arqueólogos han encontrado vasijas, estatuas y tablillas adornadas con textos.

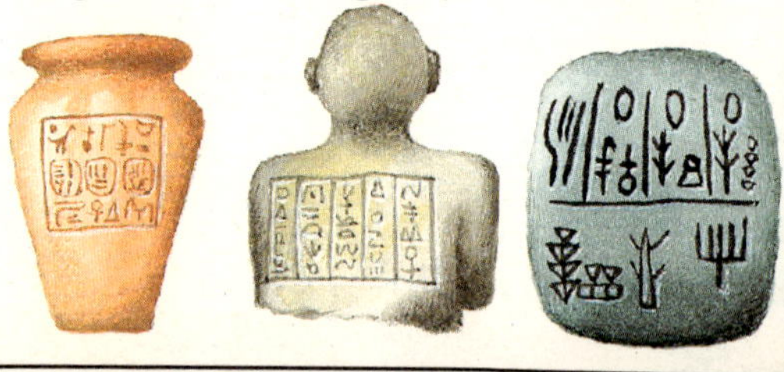

L·CAESARI

Los primeros libros se fabricaron gracias al invento del pergamino.

En Asia Menor, los habitantes de la ciudad de Pérgamo adquirieron una técnica de secado de las pieles de

ternera, de cordero, de cabra o de gacela. Las pieles se depilaban, se secaban y se pulían con piedra pómez. Las membranas que así se obtenían eran finas, lisas y flexibles, pero lo bastante resistentes como para que se pudiera escribir por sus dos lados.

En la Edad Media, los libros y los rollos de pergamino tenían tanto valor que fueron conservados en las bibliotecas, encadenados a las estanterías.

Esto es Egipto, 1.800 años antes de Cristo. Con un pincel, el escriba dibuja unos jeroglíficos en un largo rollo de origen vegetal.

Para fabricarlo se utiliza una planta llamada papiro.

Es una especie de junco que crece a orillas del Nilo. Se descorteza el tallo y se corta luego en láminas.

Estas se superponen y se martillean para que así queden bien aplastadas: forman una hoja que se deja secar debajo de un peso. El rollo del escriba se obtiene pegando empalmadas varias hojas una tras otra.

Del nombre del papiro se deriva la palabra papel.

El más antiguo fabricante de papel es una avispa.

Construye su nido con cartón. Arranca fibras de bambú que ablanda con su saliva para fabricar una papilla. Esta, al secarse, forma unos tabiques muy rígidos.

Cuentan que un chino, Tsai-Lung, inventó el papel observando a las avispas. Triturando pedazos de bambú y de morera, obtuvo una pasta líquida. La filtró y la dejó secar. **Así nació la primera hoja de papel.** Aquello ocurrió en China, en el año 105 después de Cristo.

La pasta se escurre a través de un tamiz y se seca luego al sol.

Las fibras entremezcladas forman una hoja de papel.

El papel atraviesa el mundo. Los chinos guardaron su secreto durante seiscientos años. Pero en el año 751, durante una guerra, los árabes hicieron prisioneros a unos papeleros chinos que les transmitieron su oficio. Los árabes mejoraron la fabricación del papel usando trapos de cáñamo, algodón y lino. En poco tiempo, los califas, reyes del imperio árabe,

poseyeron las bibliotecas más grandes del mundo. También usaron el papel para mandar mensajes urgentes con palomas mensajeras.

En la Edad Media, los cruzados descubrieron aquel papel maravilloso y lo trajeron en sus barcos. Mercaderes franceses e italianos hacían largos viajes para comprarlo a los árabes. Luego vieron que era más práctico y barato fabricar ellos mismos el papel. Los árabes de Andalucía fabricaban buen papel desde el siglo X. Aparece un nuevo oficio, el de trapero, que va de pueblo en pueblo comprando trapos viejos para revenderlos después, a precio de oro, en el molino de papel: la fábrica de papel de otros tiempos.

Camisas viejas y pasta de papel.

En el molino, se clasifican los trapos. Sólo se seleccionan los blancos. Se deshacen las costuras para separar los hilos. Se humedecen los trapos y se guardan en un sótano para que se ablanden. Luego se cortan en tiras finas y se sumergen en una cuba llena de agua. Durante muchas horas, unos grandes mazos machacan los trapos para reducirlos a trozos muy pequeños. Mezclados con agua, estos trozos forman una pasta de papel muy líquida. Se le añade cola o resina, para obtener una pasta de mejor calidad.

La corriente del río hace girar la rueda del molino. Al girar, la rueda levanta los pesados mazos.

Nace una hoja. El obrero mete su forma en la cuba. La retira sacudiéndola para que la pasta se extienda con uniformidad. Cuando ya está escurrida, se coloca, todavía húmeda, entre dos piezas de fieltro. Se repite la operación. Cuando se tienen varias hojas de papel intercaladas entre pedazos de fieltro, se meten en la prensa y se comprimen. Se escurre así todo el agua que quedaba. Luego terminan de secarse en unos tendederos. Todavía se siguen haciendo papeles de esta manera.

La forma es un colador rectangular que tiene una rejilla muy fina. Lleva un dibujo hecho con un hilillo de metal: la filigrana.

La filigrana es la firma de los papeleros. Se ve al trasluz, ya que ahí el papel es un poco más delgado.

En la Edad Media, los libros eran escasos y caros. Estaban todos escritos e ilustrados a mano por monjes.

Todo cambia en 1450, cuando Gutenberg inventa unas letras moldeadas en plomo, y una máquina para imprimir.

En poco tiempo, se fabrican varios ejemplares de un libro.

Los lectores se hacen más numerosos, pero los papeleros se quedan pronto sin trapos. En el siglo XVIII, un sabio europeo observa, a su vez, a la avispa papelera y propone que se reemplace la pasta de trapos por la pasta de madera, que todavía se utiliza hoy en día.

El impresor junta letras para hacer el texto, las entinta y las prensa contra una hoja tantas veces como número de ejemplares quiere obtener.

En la actualidad, la industria fabrica millones de toneladas de papel. Hay que cortar millones de árboles, que flotan en los ríos o son transportados en camiones hasta la fábrica de pasta de papel.

Plantones criados en vivero.

¿Cómo evitar la desaparición de los bosques? Tan pronto como se han derribado, los árboles son reemplazados por plantones jóvenes cultivados en viveros. Pero hay que esperar a que crezcan: el haya es adulta a los sesenta años; el pino, que es una conífera, a los veinte. Por eso se utilizan mucho más las coníferas que los árboles de hoja caduca.

¿Cómo evitar el despilfarro?

Viejos papeles destinados al reciclaje.

Los científicos investigan nuevos métodos de fabricación con plantas que crecen en un año, como el cáñamo o el esparto. Los papeleros utilizan también viejos papeles recuperados: periódicos, guías de teléfonos... Una tonelada de papeles viejos reciclados salva la vida de ocho árboles.

eucalipto haya carpe álamo

El papel de periódico es gris amarillento. Si escribimos en él, la tinta se corre como sobre un secante. Se ha fabricado con **pasta mecánica:** los troncos se descortezan, se cortan y se trituran, dejándolos reducidos a minúsculas astillas que se ablandan en el agua.

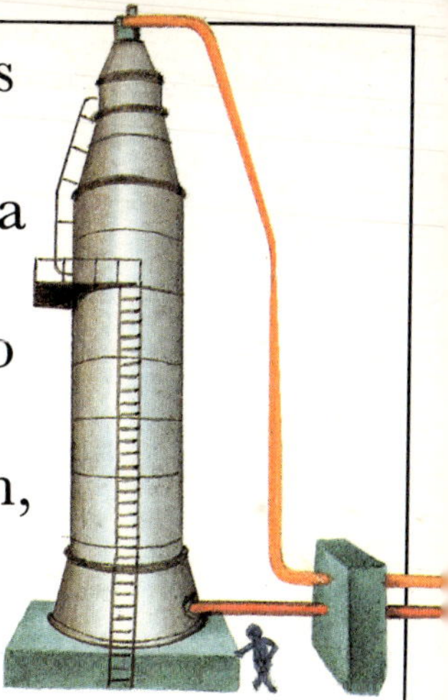

Caldera para pasta química.

Las páginas de un cuaderno son lisas y blancas, el bolígrafo se desliza suavemente sobre ellas, el papel se ha fabricado con una **pasta química.** La madera desmenuzada en virutas se cuece a una temperatura muy alta en una gran caldera.

Fabricación de la pasta mecánica.

En la fábrica.

Las máquinas vuelven a hacer el trabajo de los viejos molinos, pero en vez de fabricar las hojas de papel una por una, producen 800 metros de papel cada minuto.
Un ordenador dirige y controla las operaciones.

1. La pasta se extiende sobre la mesa de fabricación: una gran alfombra rodante. Debajo, unos pequeños rodillos aspiran el agua.

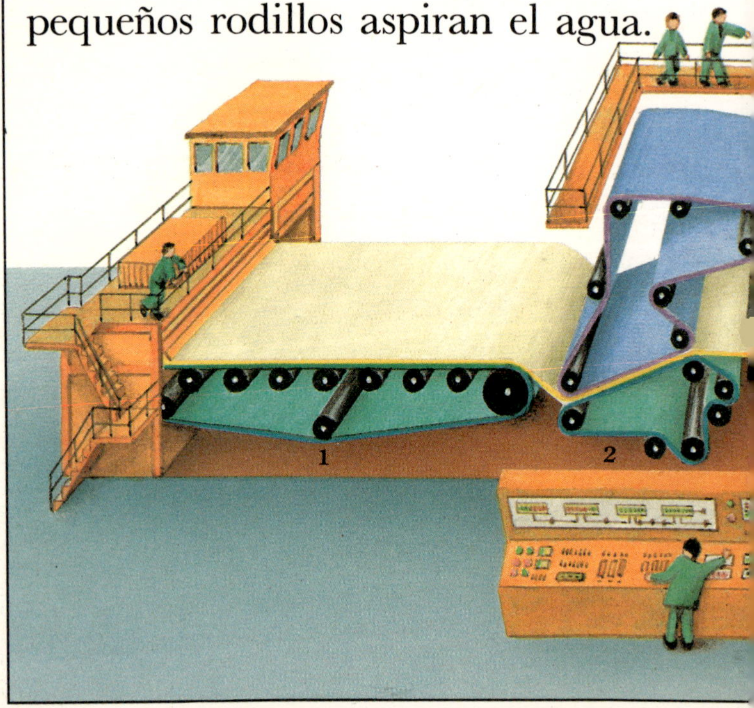

2. La pasta se transforma en una hoja que circula sobre un fieltro de lana.

3. Se hace más delgada entre los rodillos de la prensa.

4. Se seca entre cilindros calientes.

5. Se alisa la hoja para que tenga el mismo espesor en toda su superficie.

6. Se enrolla en unos grandes carretes y se entrega al impresor.

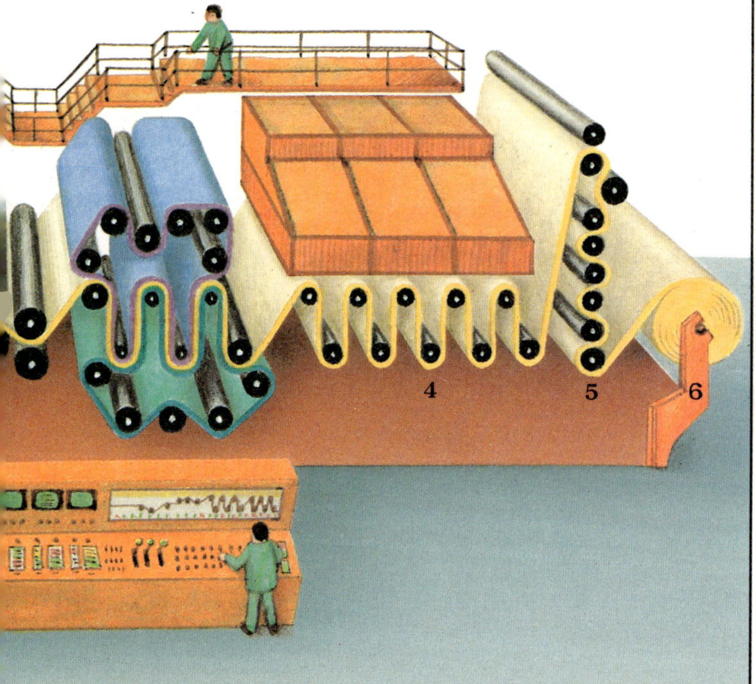

Periódicos viejos. Barreño de plástico. Cola en polvo para empapelar.

El «papier maché».

Se rompen unas tiras largas de papel de periódico en trocitos. Se dejan ablandar toda una noche en un barreño lleno de agua caliente.

Al día siguiente, se vierten cuatro vasos de agua en un cuenco grande y se espolvorean con una cucharada sopera de

Moldes o tapas de cajitas.

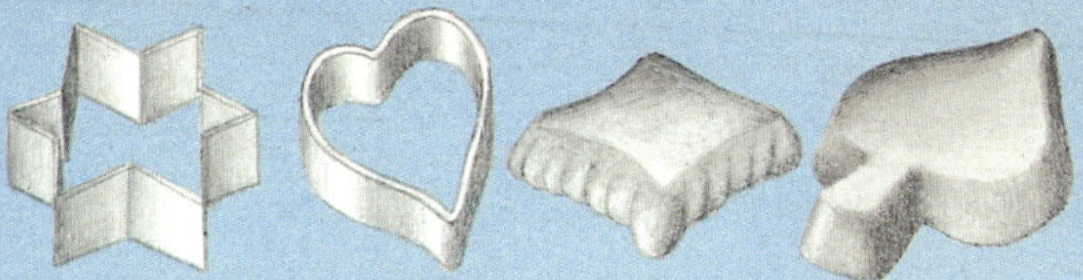

cola, removiendo continuamente.
Se saca el papel y se hacen unas bolas, apretándolas para escurrirlas. Se tira el agua sobrante del remojo. Se ponen las bolas en el barreño. Se les echa por encima el contenido del cuenco. Se amasa la pasta hasta que esté fina y suave.

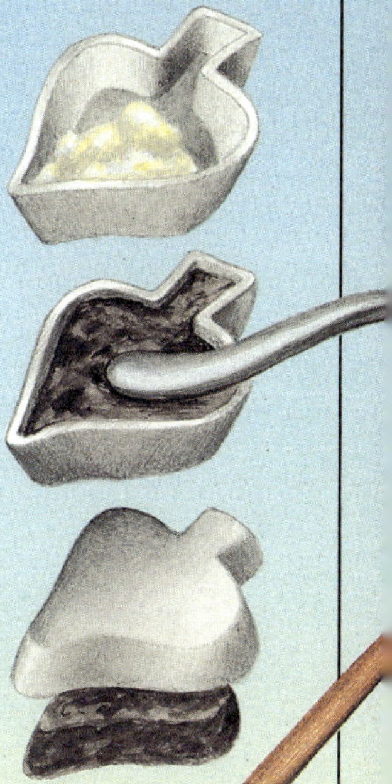

Con un algodón empapado en aceite, se unta el fondo de los moldes. Se llenan de pasta. Se comprime y se iguala con una cuchara. Se dejan secar al sol o encima de un radiador. Se sacan del molde y se decoran con guaches o acuarelas. Se cubre la pintura, cuando está seca, con una capa de barniz.

Los trapos hacen el papel
El papel hace la moneda
La moneda hace los bancos
Los bancos hacen los préstamos
Los préstamos hacen los mendigos
Los mendigos hacen los trapos
Los trapos hacen el papel.

Tantos bosques...

«Tantos bosques arrancados a la tierra
y destrozados,
aniquilados,
pasados por las rotativas.
Tantos bosques sacrificados
para hacer la pasta de papel;
millares de periódicos llamando
la atención de los lectores cada año
sobre los peligros de arrasar los bosques
y las selvas.»

Jacques Prévert
(*La pluie et le beau temps*).

Se han necesitado
casi un tronco entero
para fabricar 10
libros como éste.